ROLAND LÖWISCH

Die Bucket List für PORSCHE FAHRER

100 DINGE, DIE MAN MIT EINEM 911 & CO. ERLEBT HABEN MUSS

PLAZA

PLAZA

ist ein Imprint der

HEEL Verlag GmbH
Gut Pottscheidt
53639 Königswinter
Telefon 0 22 23 / 92 30-0
Telefax 0 22 23 / 92 30-13
info@heel-verlag.de
www.heel-verlag.de

3. Auflage, 2025

Verantwortlich für den Inhalt: Roland Löwisch

Lektorat: Jürgen Schlegelmilch, Jan Weiden

Lithographie, Satz und Gestaltung: F5 Mediengestaltung Ralf Kolmsee, Bonn

Fotos: Adobe Stock (#016, 021, 025, 027, 029, 030, 032, 038, 057, 075, 076, 078, 082, 084); Auto-Medienportal.Net/ADAC (#064); Christian Bittmann (#014); Daimer AG (#028); Freepik.com (#060); Archiv HEEL Verlag (#090, 097, 098); Sven Krieger (#010); Roland Löwisch (#005, 006, 008, 012, 013, 017, 020, 021, 022, 031, 050, 052, 063, 065, 066, 068, 069, 070, 073, 083, 088, 091); C. Nöhren/pixelio (#007); Porsche AG/Markus Leser (#001, 002, 003, 004, 011, 015, 016, 018, 023, 024, 026, 027, 032, 034, 036, 037, 039, 040, 041, 042, 043, 044, 045, 047, 048, 053, 055, 056, 059, 061, 063, 071, 072, 074, 079, 080, 081, 084, 085, 086, 087, 088, 089, 092, 093, 094, 096, 099, 100); PSA (#033); Dieter Rebmann (#058, 070, 077); RUF (#095); Thomas Schaal/pixelio (#019); Heiko Simeyer (#009); Ralf Kolmsee (#067); Volkswagen AG (#054); Wikipedia (#037, 064, 087)

Printed in Czech Republic

ISBN 978-3-96664-189-0

Bitte beachten

Porsche-Fahrer haben immer Vorbildfunktion! Bei aller Begeisterung für die anstehenden und teils augenzwinkernd zu verstehenden Aufgaben, sollten selbstverständlich stets die geltenden Gesetze und gesellschaftlichen Normen eingehalten werden.

Die Bucket List für

PORSCHE FAHRER

Kleben Sie hier ein Foto Ihres Porsche ein.

Danksagung

Mein Dank gilt dem HEEL Verlag, der das richtige Händchen für gutes Entertainment hat und so ein Buch mit viel Augenzwinkern wie dieses möglich macht – namentlich Jürgen Schlegelmilch, der sich immer so wunderbar ins Thema wirft.

Diesmal danke ich aber auch meiner Barbara, die eigentlich nie viel mit Autos zu tun hatte, aber meinen von mir heißgeliebten Job klaglos hinnimmt, mich unterstützt, wo sie kann und höchstens einschreitet, wenn ich mich am Steuer mal wieder zu lautstark über andere Autofahrer aufrege …

TIPP ...

Zur Erfolgskontrolle nach erfolgreicher Bewältigung der Aufgabe nicht vergessen, einen Haken an die Sache zu machen!

Vorwort

Sie besitzen einen Porsche 911? Oder ein anderes Modell? Und haben damit schon alles erlebt? Oder zumindest keine Idee mehr, was man noch machen könnte, um dem schwer zuffenhausenlastigen Hobby zu frönen? Keine Lust mehr auf die hundertste Klassik-Rallye mit dem G-Modell durch Kurbäder, wo die Zuschauer älter sind als das Grand Hotel? Den Cayenne oder Macan oft genug durchs Wasserloch im benachbarten Offroad-Park gescheucht, das eher einer Pfütze gleicht?

Da kann ich helfen. Mit dieser Bucket List – 100 Dinge, die man mit einem 911 & Co. erlebt haben muss. Oder in einem. Oder mit Porsche allgemein. Ach, Sie haben schon mal durchgeblättert und sind der Auffassung, das meiste sei nicht machbar? Da entgegne ich: Viel davon habe ich selbst gemacht. Ok, dabei half mir stets mein Job als Motorredakteur (Augen auf bei der Berufswahl, fällt mir dazu ein), aber viel ist auch nur mit Mut, Dreistigkeit, Humor oder Ausdauer zu schaffen. Und, zugegeben, ganz viel auch mit Geld – Kohle, Patte, Pinke, Zaster, Knete, je nachdem, wie man es gescheffelt hat. Aber hier frage ich nicht nach der Herkunft des schnöden Mammons, sondern nach den Häkchen, die Sie hinter jeder Idee machen können. Direkt hier im Buch. Man muss ja nicht die Reihenfolge einhalten. Wer alles schafft, ist eindeutig King Porsche.

Ein ernstes Wort zum Schluss des Anfangs: Während ich diese Zeilen schreibe, beherrscht (noch) Corona die Welt. Ich hoffe, wie wohl alle, dass sich der Porsche unter den Viren (sorry!) so bald wie möglich aus dem Staub macht und somit wieder normales Leben möglich ist. Wie den Museumsbesuch, das Porsche-Treffen, Zuschauer auf Tribünen und so weiter. Als optimistischer Mensch glaube ich daran – und so ist auch die Bucket List ausgelegt.

Und jetzt: Viel Spaß beim Lesen. Und vor allem beim hoffentlich baldmöglichen Verwirklichen ...

Hamburg, im Frühjahr 2021
Roland Löwisch

001 Einen klassischen Porsche auf´s Glatteis führen

Ganz im Ernst: Das ist machbar und macht vor allem einen Riesenspaß. Die erste Möglichkeit: Sich zum Eisrennen in Zell am See anmelden. Zweite Möglichkeit: Ein paar Drifttrainings auf monatelang präpariertem Eis absolvieren und dann mit dem eigenen Klassiker wiederkommen. Zum Beispiel in Finnland vermieten Land- und Seebesitzer gerne ihre vom Schnee freigeschaufelten Tracks. Es ist nur eine Frage des Geldes.

Als Copilot von Walter Röhrl im Carrera GT Platz nehmen

002

Walter Röhrl kann sich bestens an den ganz besonderen Moment im Sommer 2003 in Goodwood erinnern: „Damals war ich zum ersten Mal mit Porsche hier. Es galt, den Prototypen des Carrera GT auf der Bergrennstrecke zu präsentieren. Neben mir saß der damalige Earl of March, und der mag Tempo. So waren wir die ersten, die seine Piste in weniger als einer Minute meisterten ..." Walter Röhrl hält den Wagen für den „pursten" aller Porsche mit seinen 612 gesaugten PS und der bekanntlich völlig überforderten Traktionskontrolle. Röhrl: „Der Carrera GT ist das einzige Straßenauto, das mir einen gewissen Respekt abverlangt. Bei dem weiß ich sofort: Wenn ich da einsteige, dann muss ich aufpassen. Es ist ein Auto, das massenhaft Leistung hat, die nicht von Elektronik gesteuert wird. Es verlangt eine gewisse sittliche Reife." Der Walter muss es wissen – er hat den Wagen maßgeblich mitentwickelt, 1270 Stück wurden gebaut. Der zweifache Rallye-Weltmeister: „Es ist das Auto, dass ich mir in meiner Garage wünsche – dann bräuchte ich nix anderes mehr." Da wünscht man sich doch, Beifahrer sein zu dürfen ...

003 Mit dem 356 Nr. 1 über die Bremgarten-Rundstrecke in der Schweiz brettern

Der allererste Porsche 356 war ein superleichter Mittelmotorsportler – und warum sollte man damit bitteschön durch die Schweiz fahren, wo das Auto doch in Gmünd/Österreich entstand? Ganz einfach: Er wurde erstmals der Öffentlichkeit präsentiert im Umfeld des bestens besuchten Grand Prix von Bern. Um die Rundstrecke von Bremgarten tummelte sich damals ohnehin die Fachpresse. Basis des Autos war ein selbstkonstruierter Gitterrohrrahmen – Achsen, Lenkung, Räder und Bremsen stammten vom VW Käfer, ebenso der 1.1-Liter-Motor mit 35 PS. Schließlich wurde per Hand aus dem helvetischen Alu eine Karosserie gedengelt – fertig war der „VW Sport Typ 356“, ein Mittelmotor-Roadster. Porsches Eigenkreation wog anfangs nur 585 Kilo und versprach eine Höchstgeschwindigkeit von immerhin 135 km/h. Wenn's klappt mit der Fahrt, bitte beim zu schnellen Herumdüsen nicht erwischen lassen – die Schweizer kassieren gerne Autos ein ...

Einen 911 in einer Scheune finden

004

Gibt's nicht mehr? Sorry, aber das ist Quatsch. Wir erinnern uns an Porsche 911 Nr. 57, 2015 zuerst entdeckt von dem TV-Trash-Team des RTL-II-Trödeltrupps. Die machten aus Müll Geld für die hilflosen Besitzer, und so luden sie das Porsche-Museum zur Begutachtung der schrottreifen Reste von Nr. 57 in Potsdam ein. Die allerdings waren begeistert, kauften das Teilekonvolut samt durchlöcherter Karosserie, restaurierten das rote Auto mit dem Ziel, so viel wie möglich Originalsubstanz zu erhalten und stellen es nun im Museum aus. Also: Husch husch, auf in die Scheunen dieser Welt. Verschärfte Bedingung: Nicht nur einen 911 finden, sondern einen, der noch früher hergestellt wurde als Nummer 57.

005

Im 550 Spyder James Deans letzte Reise nachfahren

7000 Dollar bezahlte ein gewisser James Dean für den Porsche 550 Spyder mit der Chassis-Nummer 550-0055. Der junge Mann war ein Hollywood-Star – und in Autos vernarrt. Ein Freund nannte seinen 550 „Little Bastard", Dean malte den Namen stolz aufs Auto. Am 30.9.1955 startete er nach Salinas, knapp 500 Kilometer nördlich von L.A., zu einem Flugplatzrennen. Auf etwa halbem Wege nahm ihm Donald Turnupseed, 23 Jahre alter Student der Polytechnischen Universität Kalifornien, die Vorfahrt. Dean überlebt den Crash nicht.

Seine letzte Route? Ganz einfach: Start ist in der Sutton Street 14611 im Los-Angeles-Vorort Sherwood Oaks, wo Dean lebte. Dann über die „Ridge Route", den Highway 99, raus aus Los Angeles. In der Grapevie Road in Bakersfield holen Sie sich bitte – wie Dean – ein Ticket wegen Speeding ab. Dann machen Sie gegen 17 Uhr Pause in „Blackwells Corner", und zwar an der Kreuzung der 33 und der 46. Heute befindet sich hier eine normale Texaco-Tankstelle. Dann geht's ins San Luis Obispo County. Auf der Verbindung des Paso Robles Highway mit der Antelope Road, Highway 46 befindet sich die Kreuzung, wo sich 41 und 46 (ehemals 466) treffen. Dort endet der Trip. Heute ist das Problem aber nicht, hier zu überleben. Sondern einen 550 Spyder für die Tour aufzutreiben

Eine Mille fahren

006

Sie haben tatsächlich die Wahl – denn es gibt nicht nur die klassische Mille Miglia in Italien, sondern auch eine offizielle in Japan und eine in den USA. Klar, zunächst die Mille Miglia von Brescia über Rom und zurück – die wohl irresten 1600 Kilometer, die man heutzutage noch mit einem Klassiker fahren kann. Unter anderem deshalb, weil Polizisten in Fußgängerzonen offiziell dazu auffordern, keine langweiligen 80 km/h zu fahren, sondern doch bitte lautstark auf mindestens 100 zu erhöhen.

Aber es gibt auch noch die California Mille – fahren, fahren, fahren ohne Aufgaben und lernen, dass amerikanische Straßen nicht nur schnurgerade sind. Zumindest in Kalifornien. Und dann existiert noch „La Festa Mille Miglia“, die Mille Japan. Nachteil: die Tempolimits – teilweise 20 km/h in Tokio, normalerweise 50 km/h auf Landstraßen, 80 km/h auf Autobahnen werden strikt überwacht von den japanischen Teilnehmern. Da kennen sie keinen Spaß …

007

Die Deutsche Alleenstraße von Anfang bis Ende fahren

Porsche Cabrio, Sonne, Auslandsmüdigkeit und viel Zeit – und Sie wissen nichts damit anzufangen? Da habe ich einen Tipp: Bezwingen Sie die Deutsche Alleenstraße. 1993 wurde das erste Teilstück eröffnet, heute führt sie kreuz und quer durch Deutschland, von Rügen bis zum Bodensee und touchiert dabei zehn Bundesländer. Länge: 2900 Kilometer. Na dann: viel Spaß!

008 Einen Porsche die Strecke von Goodwood hinaufjagen

Das Festival of Speed gehört neben dem Goodwood Revival nicht nur zu den schönsten Benzinevents in England, sondern weltweit – weiß der Geier, wie der adlige Charles Gordon-Lennox, bekannt als „Lord of Speed“, das hingekriegt hat. Geholfen haben ihm unter anderem der Besitz einer Rundstrecke, eines Flugplatzes und einer 1,8 Kilometer kurzen Bergrennstrecke, die zufällig die Zufahrt zu seinem Landsitz beinhaltet. Das Festival of Speed kumuliert zu einem Edel-Event, wo sich niemand darüber aufregt, wenn der Edelmann von Welt aufgrund fast minütlich startender Hypercars dieser Welt inklusive der feinsten Porsche gleichzeitig den Vorteilen des Veuve Clicquot zuspricht, bis er leicht benebelt in seinem feinsten Zwirn unter dem VIP-Tisch beim Sponsor in ein Champagner-Nickerchen verfällt. Wer vor so erlauchtem Publikum dann einen Porsche die Bergrennstrecke hochjagen darf, hat es geschafft!

In Weissach einen Porsche 917 fahren

009

Ok, zugegeben, ein hochgestecktes Ziel. Aber was wären Träume, wenn man an sie an jeder Ecke realisieren könnte? Im Grunde ist es ganz einfach: Fahrbaren 917 ausfindig machen (immerhin wurden ja mal 25 Stück gebaut); Besitzer fragen, ob man ihn mal ausleihen darf; in Weissach anrufen und erkunden, wann denn die Piste frei ist; positiven Bescheid abwarten; den alten Racer aufladen und hinbringen; reinsetzen, Gas geben und das Gefühl von 520 PS und 460 Newtonmeter aus einem 4,5-Liter-Zwölfzylinder bei 720 Kilo Wagengewicht nie wieder vergessen …

010 Mit dem 911 GT3 auf der Kartbahn Kreise drehen

Nur etwas für Mutige, die Kaltverformung für natürliches Beiwerk des Autofahrens halten. Selber mal gemacht im Ralf Schumacher Kartcenter in Bispingen auf der Außenbahn mit einem 911 GT3. Und das gegen ein Kart. Klar, es ist eng, aber mit jeder Runde merkt man, wie genau sich so ein GT3 zirkeln lässt, gewisse Driftwinkel einbezogen. 1,03 Kilometer Rennstrecke spielen eher dem Kart in die Räder, die minimale Fahrbahnbreite von 6,5 Metern auch. Auslaufzonen? Quatsch – nur Reifenstapelchen. Ein Tanz auf des Messers Schneide – aber wir suchen ja nach Herausforderungen, oder?

Die Porsche-Juniorsichtung gewinnen

011

Waaaas, Sie sind Ü65? Egal – das Ergebnis zählt. Ein bisschen Schminke, Bauch einziehen sowie viiiiiel Erfahrung im Porsche Cup, und schon kann man vom länderlokalen Porsche-Club entdeckt und zur alljährlichen Sichtung für die Nachwuchsförderung vorgeschlagen werden. Bei diesem Einstieg zum Porsche-Werksvertrag für Rennfahrer muss man dann nur noch ein paar psychologische, physiologische, Reaktions- und TV-Reifetests bestehen und die jugendliche Konkurrenz mit guten Fahrergebnissen aus dem Feld schlagen. Pro Jahr sind meistens zwei Plätze zu vergeben. Einer für Sie?

012 Den Jungs von der amerikanischen R-Group ins Gesicht sagen, dass man Änderungen an Serienporsche doof findet

Erinnern Sie sich an den „Gefahrensucher" im „Kentucky Fried Movie"? Der ging in die Bronx, feuerte ein rassistisches Wort heraus und rannte, so schnell er konnte. Letzteres sollten Sie auch bei der R-Group tun, wenn Sie keine Individualisierungen an 911ern mögen. Denn die US-Jungs leben den Traum von einem Porsche, wie sie ihn lieben. Sie pfeifen auf Originalität, Stil und Matching Numbers. Die Regeln der R-Gruppe sind überschaubar. Erstens: „Ohne Hot-Rod-Gesinnung haben Du und Dein Auto in der Gruppe keine Chance". Zweitens: „Dein Porsche ist ein Sport-Wagen. Vergiss das nie." Drittens: „Wenn Du und Dein Auto nicht irgendwie an Steve McQueen erinnern, mach Dir keine Hoffnungen." Gut 300 Mitglieder wollen den Club klein halten. Die Mitgliedsnummer 1 trägt übrigens für alle Zeiten der coolste aller Benzinvernichter: der besagte Steve McQueen.

Das weltgrößte Porsche-Treffen besuchen

013

Auch wenn Amerika nicht mehr das Land der unbegrenzten Möglichkeiten zu sein scheint, eines ist sicher: die Liebe der Amis zu Porsche. Das drückt sich nicht nur in Absatzzahlen aus, sondern auch durch das weltgrößte Porsche-Treffen namens „Porsche Rennsport Reunion“: Alle drei bis vier Jahre trifft sich – in letzter Zeit immer in Laguna Seca – das „Who is Who“ der amerikanischen Porsche-Szene. Da der amerikanische Porsche-Club sowieso der größte Markenclub der Welt ist, muss man sich nicht wundern, dass hier alles auftaucht, was Rang und Namen hat – sowohl Rennfahrer und Ingenieure als auch Rennwagen und Straßenautos. Hier rasen vier Tage lang rund 350 automobile Ikonen über die Wüstenrundstrecke, etwa 2000 Wagen werden ausgestellt. Ein absolutes Must-Visit – bei diesem weltschönsten Boxer-Aufstand dürften selbst die Chinesen neidisch werden.

Kleben Sie hier Ihre Eintrittskarte ein.

PORSCHE
RENNSPORT
REUNION

014 Mit einem Porsche Master ins Rennen gehen

Zwölf Gänge, 50 PS, 60 km/h Spitze, 2,2 Tonnen schwer – das soll ein Porsche sein? Logo – der größte Traktor, der von Porsche je gebaut wurde. Das Ding heißt „Master", wurde ab 1958 gebaut, ist ein Vollcabrio und rollt – zumindest hinten – auf 30-Zöllern. Statt Tacho hat er einen Betriebsstundenzähler: Bei etwa 10.000 ist eine Komplettüberarbeitung dran, denn das entspricht 500.000 Straßenkilometern. So ein Master ist übrigens nicht weniger Investitionsobjekt als ein RS: Für einen restaurierten Master N 408 hat vor kurzem ein Kleinanzeigenanbieter 155.000 Euro verlangt ...

Die Porsche-Bestzeit auf der Nordschleife unterbieten

015

Mit einem Porsche schnell zu fahren ist keine Kunst. Mit einem Porsche schneller als ein Porsche zu fahren dagegen schon. Also ab auf die Nordschleife. Sie können ja langsam anfangen und erstmal die 7:42 Minuten schaffen, die der Porsche Taycan als schnellstes viertüriges reines Elektroauto in den Asphalt brannte. Dann gilt es, die 7:30,11 Minuten zu knacken – damit hält Porsche den Rekord in der Oberklasse mit dem Porsche Panamera Turbo S. Als nächstes wären zum Beispiel die 6,57 Minuten aus dem Jahre 2013 dran, mit dem sich der Porsche 918 Spyder den Rekord für den schnellsten Hybriden sicherte. Es folgen 6:40,3 Minuten – so rasant rannte 2018 ein 911 GT2 RS mit Performance-Kit von Manthey Racing und wurde Rekordhalter als schnellster straßenzugelassener Sportwagen. Dann sind wir schon bei Stefan Bellofs Fabelwert aus dem Jahr 1983, als er beim Training den Streckenrekord mit 6:11,13 Minuten im Porsche 956 aufstellte. Erst 2019 pulverisierte ein Porsche 919 Hybrid Evo mit Timo Bernhard am Steuer diesen Wert – nach 35 Jahren mit der Fabel-Zeit von 5:19,546 Minuten. Zugegeben – dafür muss man lange üben.

016 Seinen Fingerabdruck haubengroß auf einem Porsche hinterlassen

Das ist vergleichsweise einfach: Porsche hat eine neue Technik gefunden, höchst Persönliches wie seine Papillarleisten aufs Blech zu lackieren. Dafür wird der Abdruck digitalisiert, dann wie bei einem Tintenstrahldrucker mit Hilfe eines speziellen Druckkopfes automatisiert und ohne Sprühnebel auf die Motorhaube gebracht. Nach der Lackierung wird per Hand geschliffen, damit die schwarze Farbe nicht überhöht auf der Haube prangt. Es folgt eine Lage Klarlack und eine Hochglanzpolitur. Das reine Druckverfahren dauert momentan etwa zehn Minuten, der gesamte Prozess bis zum Wiedereinbau der Haube in den 911 etwa drei Stunden. Folie? Ist von gestern.

An einer Porsche-Theke picknicken

017

Wer glaubt, ein Heckflügel sei nur für die Aerodynamik gut und würde helfen, damit ein Renner nicht frühzeitig abfliegt, irrt. Die Ex-Porsche-Racer Günter Steckkönig, Manfred Schurti und Gijs van Lennep (von links) machen hier in Goodwood vor, was man sonst noch damit anstellen kann: Ihn als Theke für die Pommes und Hamburger nutzen. Sollte jeder mal gemacht haben – stilistisch sicherer kann man sein Junk-Food wohl kaum zu sich nehmen.

018 Den Endschalldämpfer seines 911 GT3 zur Soundbar umbauen lassen

Was, Schnapsidee? Lassen Sie das nicht Porsche Design hören. Die 100prozentige Porsche-AG-Tochter, einst gegründet von Butzi Porsche, dem 911-Designer, hat tatsächlich solche Edelboxen im Angebot. Natürlich neben Uhren, Fashion, Sonnenbrillen und mehr. Es geht auch ein originaler Endschalldämpfer samt Endrohrblende – in Handarbeit gemacht und als Subwoofer-Helmholtz-Resonator ausgeführt. Denn in Sound kennt Porsche sich aus ...

Im Taycan die Wüste Gobi durchqueren

019

Sie sollten jetzt ganz tapfer sein, denn das ist wirklich eine schwere Aufgabe. Kritiker behaupten, dass der Taycan voll aufgeladen rein energetisch gerade mal eine Runde auf der Nordschleife übersteht, und das eine oder andere Exemplar wurde auch schon mit Warnblinklicht auf dem Standstreifen der Autobahn gesichtet, und zwar ohne Plattfuß. Aber es soll ja viel möglich sein. Tipp: Nehmen Sie als Not-Akkus ein paar Babyzellen mit. Am besten im doppelachsigen Anhänger.

020 Einem „Freund“ den japanischen Tuner RWB empfehlen

Klar, können Sie machen. Ist aber besser, wenn der Freund nicht wirklich einer ist. „RWB“ steht nämlich nicht für „Rear Wheel Burner“ oder „Right Weight Balance“, sondern für die Vergewaltigung von Porsche-Produkten a la Asia. Der japanische Tuner „Rauh Welt Begriff“ (kein Witz, eben „RWB“) hat sich darauf spezialisiert, 911er (in deutschen Augen) zu vertrumpen – sprich: breiter, fetter, goldener. Bleibt nur eines: abwählen!

Einen Porsche ins richtige Licht rücken

☐ 021

Ganz easy – wenn man einen Porsche zur Verfügung hat. Und eine Kamera. Und das richtige Auge. Ein Studio ist gar nicht nötig, nur der Sinn für Ästhetik. Blaues Beispiel: Hamburg, Große Elbstraße. Blende 5, Belichtungszeit 1/30. Kein Stativ, keine Nachbearbeitung. Viel Glück.

022 Einen berühmten Porsche nachbauen

Berühmte Porsche gibt es viele – zum Beispiel Piëchs 914 S mit 260 PS starkem Achtzylinder-Rennmotor; James Deans „Little Bastard“; der Rennwagen 935/78 – als „Moby Dick“ der stärkste 911 aller Zeiten. Oder der erste 911, der noch als 901 sportliche Meriten einfuhr, und zwar bei der Rallye Monte Carlo im Jahr 1965 mit Herbert Linge am Steuer und der Startnummer 147 auf der Tür. Den Wagen gibt es noch – allerdings voll restauriert. In Hamburg ist ein Nachbau am Start (siehe Foto) – weil den Besitzer interessiert, wie das Auto aussehen müsste, hätte es in Würde altern dürfen. Gute Idee – kann man auch mit anderen Porsche machen.

Mit Wolfgang Porsche einen Weißt-Du-noch-Abend verbringen

023

Ok, in Sachen Porsche wird der WoPo mehr zu erzählen haben als unsereins, so viel man sich auch mit der Marke beschäftigt. Aber man könnte ja auch mal die Klappe halten und einfach zuhören. Ich bin sicher, der WoPo könnte noch eine Menge neuer Storys erzählen – auch wenn man täglich glaubt, dass es bei Porsche keine Neuigkeiten über alte Zeiten mehr gibt.

024 Taxifahrt im NLS-Porsche erleben – mit Kévin Estre als Chauffeur

Kévin Estre ist ein Begriff, oder? Einer der besten GT-Piloten der Welt ist eine feste Größe am Nürburgring. Wer erinnert sich nicht an den berühmten „Pass on the Grass" des Franzosen auf der Döttinger Höhe 2019? Der Sieger des 24-Stunden-Rennens 2021 auf der Nürburgring Nordschleife ist immer noch für Taxifahrten zu haben. Ob auf Trackdays im Serien-11er oder bei Rennveranstaltungen im GT3 R von Manthey. Also – wer mal erleben will, wie es wirklich geht, sollte eine Taxifahrt bei ihm buchen. Die ist zwar teurer als eine normale und dauert auch garantiert nicht länger als rund 20 Kilometer, aber jeder Cent bleibt dabei ein Leben lang in den Bandscheiben stecken!

025 Eine Frau* finden, die einen versteht

Zum Beispiel eine, die nicht gleich ausrastet, wenn statt ihrer der Porsche gestreichelt wird; eine, die Benzingespräche akzeptiert, ohne dass sie in böser Absicht das Bier ihres Göttergatten zeitgleich mit Super Plus versetzt; eine, die Zahnbürstenarbeit in Karosseriespalten nicht als Grund für die Einlieferung in die geschlossene Anstalt begreift; eine, die schnell durchfahrene Kurven lieber mag als langsam gereiften Schimmelkäse; eine, die weiß, dass 911 nicht nur ein verdammt dramatischer Tag in den USA ist; eine, die ihrem Freizeitklepper aus Liebe zur bevorzugten Automarke ihres Liebsten den Namen „Pferdinand" gibt ...

*Im Sinne der Gendergerechtigkeit darf dieser Punkt selbstverständlich individuell der persönlichen Lebenssituation angepasst werden.

9:11 Minuten im Kreisel vor dem Porsche-Museum seine Runden drehen

026

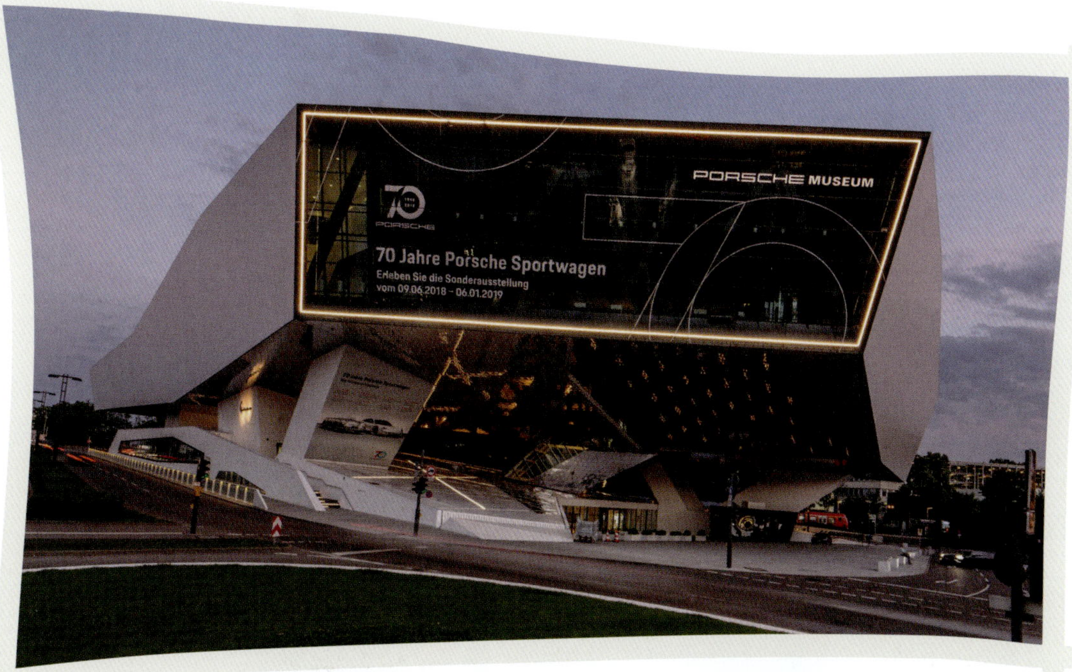

Was, nicht spektakulär genug? Erstens: Es gibt Ampeln im Kreisel. Die fordern schon mal eine Menge Geduld. Zweitens: Es gibt verdammt viel Verkehr im Kreisel. Nicht jeder Staugenosse findet einen fahrfreudigen Porsche amüsant. Drittens: Ob die Porsche-Mitarbeiter, die das zwangsweise mitbekommen, sich drüber freuen, muss zumindest hinterfragt werden. Also doch eine echte Challenge … Kleiner Tipp: Die frühen Morgenstunden sind erfahrungsgemäß ruhiger.

027 Sich nach einer Panne ins Entwicklungszentrum in Weissach schleppen lassen und fragen, wie sowas passieren kann

Weissach ist der Heilige Gral der Sportwagenwelt. Hier residiert Porsches Entwicklungszentrum, insgesamt schaffen hier 7000 Mitarbeiter, von hier stammen unzählige Erfindungen. Allerdings: Manchmal machen Menschen Fehler, manchmal Maschinen – auch ein Porsche-Produkt kann mal streiken, weswegen auch immer. Mit dem richtigen Schutzbrief kann man seinen Schatz zur Wunschwerkstatt bringen lassen. Warum also nicht nach Weissach? Das Problem ist die Überwindung der 1300 Quadratmeter großen, doppelstöckigen Nordpforte, in dem unter anderem der Werkschutz untergebracht ist. Da der aber nicht beantworten kann, wie so eine Panne passieren kann, müsste er Sie ja eigentlich durchlassen …

Auf der Freifläche vor dem Mercedes-Museum burnouten

028

Die einen haben mit outen zu tun, die anderen mit burnouten – meistens macht letzteres mehr Spaß. Und so ein hinterradgetriebener 911 ist das ideale Werkzeug dazu. Was noch fehlt? Genau, der richtige Ort. Vorschlag: die Freifläche vor dem Mercedes-Museum. Nicht etwa, weil Mercedes die schlechteren Autos baut, sondern nur deshalb, weil sich neckt, was um Kunden buhlt.

029 „Le Mans“ im Autokino sehen

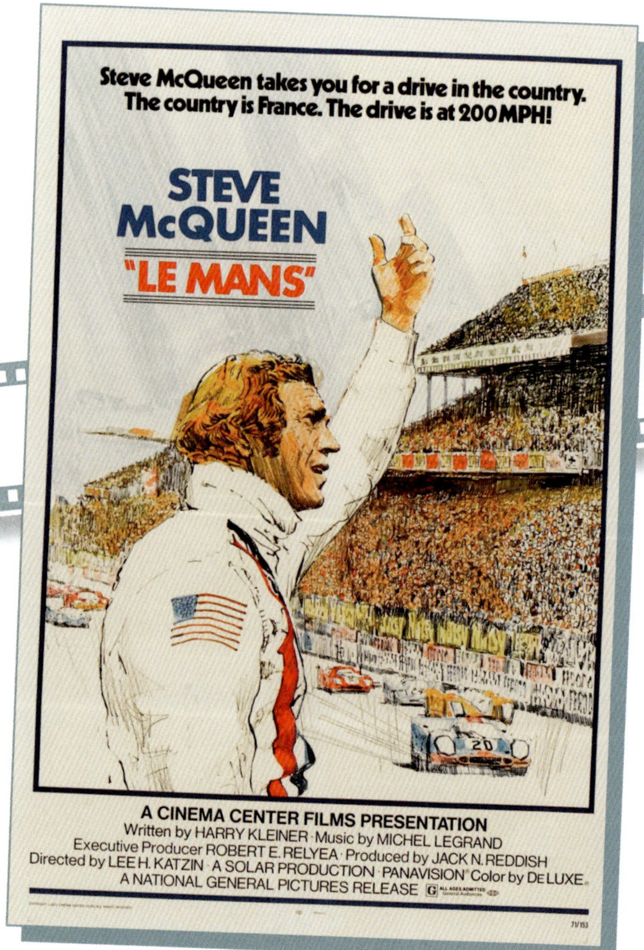

Ja, Steve McQueen war zweifellos die coolste Sau im Car-Business – seine Verfolgungsfahrt im Streifen „Bullitt“ ist legendär, sein Rennfahrerfilm „Le Mans“ ist mehr als Kult. Da Steve in „Bullitt“ nicht in einem Porsche seine Verfolger zur Strecke bringt, empfehle ich, baldmöglichst eines der nächsten, wiederauflebenden Autokinos anzusteuern, den Besitzer zu „Le Mans“ zu überreden und dann den Film in einem Porsche zu sehen. Natürlich alleine. Soll doch keiner sehen, wie die Knöchel am Volant weiß werden, der Kopf rot und die Schweißtropfen das graue Haar hinabrinnen …

Nachts im Museum wandeln

Man muss es sich nur mal vorstellen: Des nachts werden alle Exponate im Porsche-Museum lebendig. Es röhrt, es brabbelt, es gurgelt, und die Wagen erzählen ihre Geschichten. Ungeschönt, ehrlich ... Leider ist es gar nicht so einfach, sich einschließen zu lassen, sonst wäre das bestimmt schon oft vorgekommen. Ob man irgendwann wieder wie zuletzt 2017 zum Le Mans-Rennen im Museum übernachten kann, ist fraglich. Ebenso, ob die Soundnächte eine Renaissance erleben. Aber irgendetwas geht bestimmt!

031 Sich beim Skijöring vom 911 übers Eis ziehen lassen

Es gibt wohl nur eine Möglichkeit, das legal zu absolvieren: Beim GP Eis Race in Zell am See. 2019 zum ersten Mal ins Leben gerufen, fährt hier im Porsche-Urland alles, was gute Kontakte, robuste Autos und Nerven aus Eis hat. Das gilt nicht nur für die Fahrer, sondern mindestens ebenso für die Skiläufer, die sich beim „Skijöring" am Seil von Autos auf purem Eis ziehen lassen. Da ist ein 911er-Zugpferd natürlich besonders stilecht. Einer der Initiatoren des kalten Spektakels ist übrigens der Porsche-Enkel Ferdi Porsche.

032 Im Porsche-Windkanal seinen Mann stehen

Sorry, ist ein Witz. Sich gegen den von 9300 PS erzeugten Winddruck zu stemmen dürfte ziemlich sinnlos sein – selbst dann, wenn man glaubt, ein Strich in der Landschaft zu sein. Sie meinen, es wäre machbar, wenn man sich festbinden lässt? Sollten Sie es versuchen, sagen Sie uns Bescheid …

Peugeot immer mal wieder einen Dankesbrief schreiben

033

Sagen Sie mal laut: „Neunnulleins!" Oder „Neunhundertundeins!" Geht nicht, oder? Aber „Neunelf" oder einfach nur „Elfer", das rutscht von der Zunge wie frisch geräucherte Buttermakrele. Also kann man Peugeot gar nicht genug danken, damals auf der Null in der Mitte für ihre eigenen Modellreihen bestanden zu haben, was Porsche dazu nötigte, 1964 aus dem 901 einen 911 zu machen. Die paar 901er, die es gibt, verzeihen wir den Franzosen einfach mal. Die ersten Exemplare des Kultsportlers sind ja auch nicht schlecht geraten!

034 Die Paris-Dakar nachfahren

Soweit ich weiß, war noch keine Rallye Paris-Dakar einfach – egal, ob Paris dabei war, Dakar oder sonst ein wilder Ort dieser Welt. Alleine deswegen ist es schon eine Herausforderung, sie nachzufahren. Im Cayenne? Ich bitte Sie! Im Macan? Schon anspruchsvoller, aber auch nicht richtig abenteuerlich. Mein Tipp: 959 …

Einmal Speeding kaufen

035

„Blitz“ – wenn mir ein Porsche-Fahrer sagt, sowas wäre ihm noch nie passiert, so schicke ich ihn ins Reich der Legenden. Im Hier und Jetzt gibt es fiese Radarkästen und stationäre Tempofallen, und meistens ist man eher ungewollt leuchtendes Beispiel für Ungesetzlichkeiten. Wie wäre es, mal den Spieß umzudrehen? Zum Beispiel seinem Umfeld zu erklären, dass man sich ja ganz bewusst dafür entschieden hätte, diese spezielle Geschwindigkeit zu kaufen. Das qualitätsmäßig furchtbar grauenvolle Foto (alleine das ist schon `ne Leistung heutzutage) und das hochoffizielle Dokument machen sich zum Beispiel eingerahmt über dem Schreibtisch ziemlich gut. Klar kostet das was – aber wahres Leben war noch nie billig ...

Kleben Sie hier Ihr Beweisfoto und den Zahlungsbeleg ein ....

036 Die größte 911-Skulptur bauen

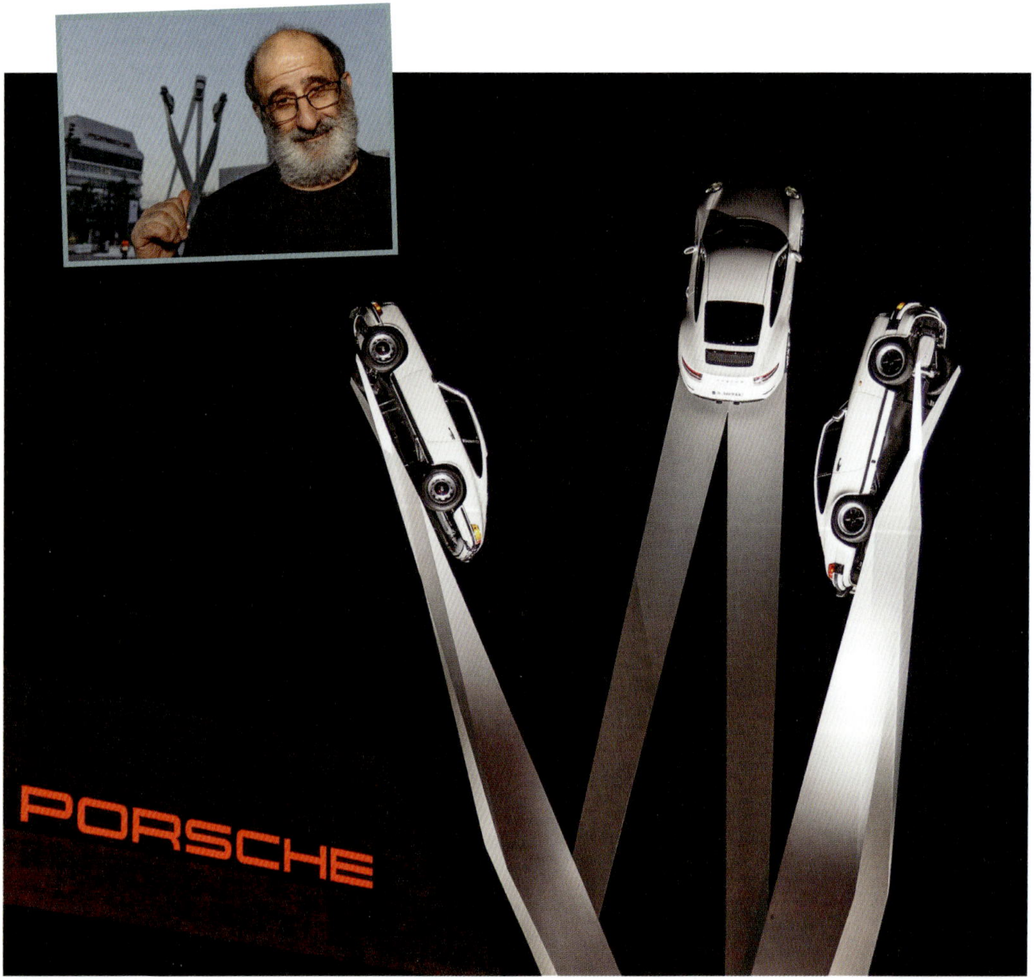

Das wird nicht einfach – aber Porsche-Fahrer wären keine solchen, wenn alles einfach wäre. Also: Das neue Kunstwerk müsste höher als 24 Meter sein, denn dieses Maß hat der Künstler Gerry Judah vorgegeben mit seinem 911-Monument, das auf dem Kreisel vor dem Porsche-Museum in den Himmel ragt. Darauf sind immerhin drei 911er montiert – auch die muss man erstmal haben, um sie immobiler Kunst zu widmen. Wenn man das toppen will, müssen natürlich vier drauf!

Im Cayenne die Yungas Road in Bolivien bezwingen

037

Sie gilt als gefährlichste Straße der Welt, die Yungas Road in Bolivien – 80 Kilometer Drama zwischen La Paz und Caranavi. Eng, geschottert, mit wenig Ausweichmöglichkeiten für den Gegenverkehr. Auf der einen Seite eine steile Felswand, auf der anderen der absolute Abgrund. Dazu kommen Regen, Nebel, Matsch und Schlaglöcher. Unsereins muss sie nicht fahren, aber man kann – aufgrund von durch Steinschlag oft herumliegender Felsbrocken dann doch am liebsten im hochbeinigen Cayenne. Da kann der SUV dann endlich mal zeigen, dass er zu mehr in der Lage ist als den quengelnden Nachwuchs in die Schule zu kutschieren!

038 Im 356 gesetzlos unterwegs sein

Es muss ja nicht gleich etwas Illegales sein – es reicht auch, sich mal einen 356 des Ober-Outlaw Rod Emory unterzuschnallen und damit die Sonne zu putzen. Der baut zum Beispiel einen 356er um zum Allradler mit 200 PS und nennt das Modell „356 RSR Outlaw“. Dazu nimmt er den Antriebsstrang eines 964 und baut einen Motor mit Rothsport Racing neu. Optisch noch schärfer ist übrigens sein „GT356RS“ …

Im 918 Spyder beim Bewerbungsgespräch auftauchen

039

Warum den Lack untern Scheffel stellen? Frei nach dem Motto „nicht kleckern, sondern klotzen" sollte man beim Bewerbungsgespräch eben nicht mit dem abgerockten Volvo V70 von 1997 vorfahren, sondern mindestens in einem Porsche – optimalerweise gleich im 918 Hybrid. Das bedeutet doch nur: Der Mann hat's drauf, ist arbeitswillig und weiß, wo's langgeht. Man kann übrigens ebenfalls Eindruck schinden, wenn man nach dem Rausschmiss am letzten Arbeitstag im Porsche (wie gehabt: vorrangig 918 Hybrid) seine Papiere abholt. Aber bitte dafür sorgen, dass der ganze Vorgesetztenhaufen davon Wind bekommt!

040 Eine „Man Cave" um den/die eigenen Porsche 911 bauen

Porschig, wer's selber macht – gemeint ist die passende Umgebung für den eigenen 911er. Da bietet sich doch die „Männerhöhle" an, eine männliche Sphäre zum Beispiel in einer Garage. „Man Cave" ist eine Metapher für einen Raum, wo „Männer noch Männer sein können" (911-Ladies: Bitte die ganze Abhandlung von Punkt 40 in „Lady Cave" transponieren) Deko? Was gefällt. Hier ein paar Vorschläge: Siegerpokale, Vaillant-Comics, Neon-Automobilwerbung, lebensgroße Steve-McQueen-Puppe, die Aktenordner mit den gesammelten Blitzertickets, Kotflügel mit den ersten selbstgemachten Lackkratzern. Na ja, so in die Richtung zumindest ...

50
PORSCHE

041 Udo Lindenberg seinen 911 abschwatzen

Der Hamburger Musiker ist ja für seine Extravaganzen berühmt – vielleicht hat er gerade Bock, seinen 911 zu verschenken? Dann muss man nur zur Stelle sein. Aber es wird nicht einfach – Lindi steht auf die Zuffenhausener Sportwagen, seitdem er sich von seiner ersten großen Gage für Andrea Doria einen leisten konnte. Und wenn's nichts wird mit der Schenkung – nur keine Panik!

Info für alle Interessenten dieser Challenge: Nachdem der 500 PS starke 991 R – einer von nur 991 Stück – im Sommer 2020 kurz unrechtmäßig die Tiefgarage des Hamburger Nobelhotels „Atlantic" verlassen hatte, stand er einen Tag später wieder an seinem angestammten Platz.

Seinen eigenen Porsche am Band zusammensetzen und mit nach Hause nehmen

042

Es kann ja wohl nicht sein, dass eine Corvette mehr kann als ein Porsche, oder? Ist aber so: Bei den Amis kann der Kunde helfen, seinen Motor zu bauen. Am Band. Also ganz nah dran. Und bei Porsche? Einfach mal nachfragen. Und nicht nur in Sachen Motor. Nein, das ganze Auto montieren ist die wahre Erfüllung!

043 Die Targa im Targa fahren

Klingt doof – ist aber der Hammer. Auf der einen Seite Sizilien mit 25.426 Quadratkilometern Fläche und 4.960.000 größtenteils sympathischen, freundlichen und autoverrückten Bewohnern. Auf der anderen Seite der Porsche 911 Targa – ein Modell entstanden aus dem Konflikt zwischen deutschem Ideenreichtum und amerikanischen Restriktionen.

Auf der dritten Seite der Unternehmer Vincenzo Florio, der sich die „Targa Florio" – ein Autorennen über die gesamte Insel – als Touristenattraktion einfallen ließ. Immerhin war eine Runde zunächst 72 Kilometer lang, und sie musste zehn Mal absolviert werden. Noch heute gibt es die Targa Florio als Klassik-Rallye. Wie auch immer man das auffasst …

Wendelin Wiedeking unter den Tisch trinken

044

Gleich mal vorab: aussichtslos. Wer einmal in lockerer Atmosphäre neben dem Top-Manager saß und sich gegen 2 Uhr morgens ins Bett verabschieden wollte, musste damit rechnen, weitere zwei Stunden zu bleiben, um nicht in Ungnade zu fallen. Allerdings konnte Wiedeking viel zu wenige Stunden später auch wieder geschniegelt und gestriegelt ein Unternehmen führen. Der Mann war und ist sowieso etwas ganz Besonderes: Er hat nicht nur Porsche das Überleben gesichert, sondern auch sein eigenes – mit einem Gehalt von 100,6 Millionen Euro im Geschäftsjahr 2007/2008 ist er der Deutsche Rekordhalter in Sachen Jahresverdienst. Hintergrund: 1992 haftete er persönlich für einen 200-Millionen-Kredit für Porsche. Im Gegenzug wurde er beteiligt an künftigen Gewinnen. Und die kamen. Also – falls der Gesprächsstoff ausgehen sollte: nach Anlagestrategien fragen. Allerdings die Antworten mit Vorsicht genießen – wenn er nochmal davon anfängt, dass Porsche VW schlucken sollte, lieber zum Glas greifen als zum Telefonhörer …

045 Zur Drift-Challenge gegen Walter Röhrl antreten

Er ist der Gott der Seitenscheibenfliegen; er ist der Messias der waagerechten Ergriffenheitstränen; er ist der Chef der Allradfraktion; er ist der Urvater der Überachtminutenhelmverweigerer: Walter Röhrl, Rallyefahrer und zweifellos der beste Autofahrer der Welt. Und gegen den wollen Sie eine Drift-Challenge gewinnen? Der Mann ist zwar ordentlich über 70, aber Engagierte wie uns vernascht er in Sachen Tempo, Stil und Ästhetik im Auto lockerer als die Kohle sitzt bei der Chance, gegen ihn anzutreten. Aber wer nicht wagt …

Fahrsicherheitstraining bei einem Porsche-Profi absolvieren

046

Eines vorweg: Ein Fahrsicherheitstraining sollte jeder schon gemacht haben, der wissen will, was in Grenzsituationen mit dem Auto und sich selbst passiert. Die verschärfte Form ist ein Fahrsicherheitstraining im und mit Porsche. Zu toppen ist das nur, wenn man sich seinen Instruktor aussuchen kann. Ich spinne mal rum: Zum Beispiel Michael Ammermüller, dreifacher Supercup-Meister. Oder Lars Kern, der die meisten Rekorde für Porsche-Straßenwagen auf dem Nürburgring herausfährt.
Oder natürlich Timo Bernhard – einer der besten modernen Rennfahrer weltweit. Wenn man mit diesen Jungs unterwegs ist, vergehen einem Hören und Sehen. Dafür werden Nerven und das Popometer geschärft!

047 Christophorus-Hefte sammeln

Die beliebte Porsche-Kundenzeitschrift – 1952 inthronisiert – informiert nicht nur, sondern ist inzwischen ein Anlageobjekt: Eine Sammlung von Heft 1 bis 356 wird im Internet für unglaubliche 19.900 Euro angeboten. Das ist immerhin fast ein Fünftel einen nagelneuen 992-Basis-911ers. Okay, wer jetzt mit dem Sammeln anfängt, braucht etwas länger – aber es währt ja gut, wie man weiß. Oder war das anders?

Beim Händler Traumwagen konfigurieren und dann mit Hinweis auf den niedrigen Preis wieder gehen

048

[Einfach mal zum Händler gehen kann jeder. Mit seiner Hilfe das Traummodell zu konfigurieren auch. Sich über den hohen Preis aufregen, der am Ende dabei herauskommt, ebenfalls. Aber zu behaupten, das könne ja keine gute Qualität sein bei dem ‚niedrigen Preis' – das wäre mal was Neues. Bitte beschreiben Sie mir hinterher die Reaktion des Händlers …]

049 Die Formel $F=\rho:2 \cdot v^2 \cdot A \cdot C_a$ erleben

So eine Aufgabe lösen kann ja jeder – erleben ist angesagt. Wie bitte? Die Formel sagt Ihnen nichts? Kleiner Tipp: Ground-Effect? Über-Kopf-Fahren? Na also. Am besten im Porsche 956, dem ersten Porsche-Racer, der sich an den Boden saugen konnte. Je schneller, desto saug. Der 956 würde nach obiger Formel theoretisch bei Tempo 321,4 km/h über Kopf fahren können. Viel Spaß!

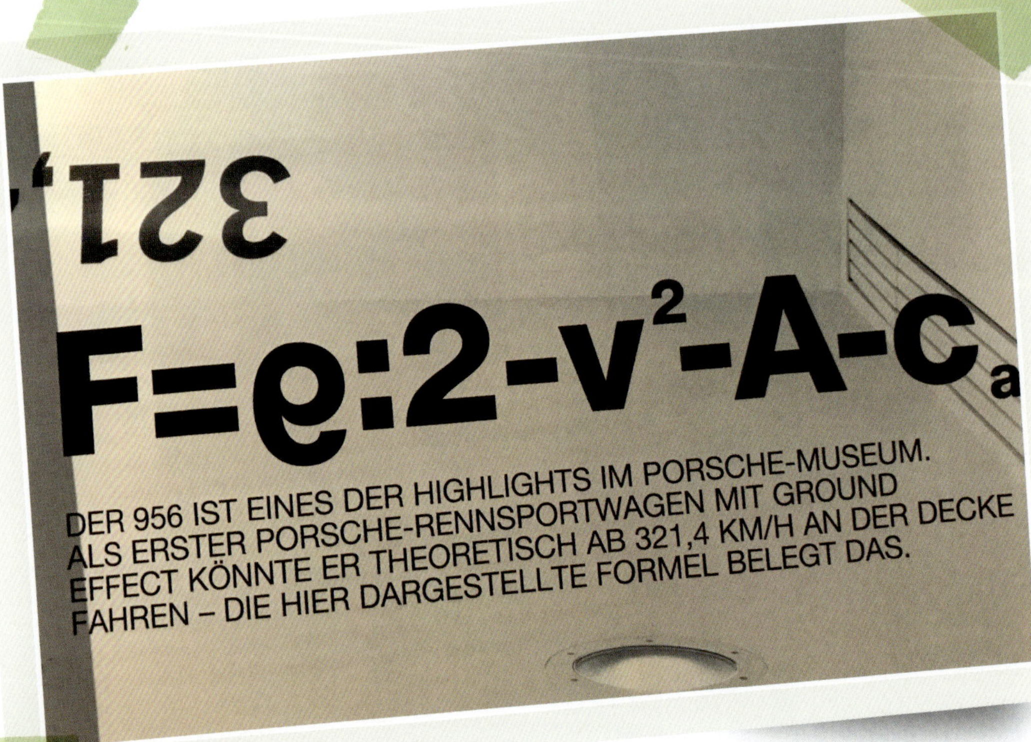

In Nardo Kreise ziehen, bis einem schlecht wird

050

Das berühmte Nardo Test Center, kurz NTC, an der Hacke des italienischen Stiefels in der Provinz Lecce der Region Apulien, gehört seit 2012 Porsche. Berühmt ist die 12,4 Kilometer lange Kreisteststrecke mit einem Durchmesser von vier Kilometern, die Tempi von bis zu 500 km/h ermöglicht. Deswegen kann es sehr lange dauern, bis der Magen rebelliert – zum Glück. Wem Gutgehen auf Dauer zu langweilig wird: Es gibt dort weitere Teststrecken inklusive einer 6,2 Kilometer langen Handlingstrecke, die zum Teil der Nordschleife nachempfunden ist.

051 In 80 Sekunden die berühmtesten Rennkurven der Welt bezwingen

[Nicht virtuell – sondern in echt. Geht nicht? Geht doch. Porsche macht's möglich, und zwar auf der Porsche-eigenen Rennstrecke in Leipzig, direkt am Werk. Sie heißen Sunset Bend, Victoria Turn, Corkscrew, Loew's, Mobil -S, Bus-Stop, Curve di Lesmo, Suntory Corner, Karussell, Parabolica und das Suzuka-S und sind den Originalen nachempfunden. Also, huschhusch, ins Auto!]

052 In der heiligen Porsche-Halle Autos zählen

Nicht weit weg vom Museum befindet sich eine Halle, die fast noch mehr fasziniert als das Museum selbst: die Reserve. Oder anders ausgedrückt: 4000 Quadratmeter nur Porsche. Alte Porsche, neue Porsche, originale Porsche, restaurierte Porsche, Renn-Porsche, Straßen-Porsche, Einzelstück-Porsche, Prototypen-Porsche, schrille Porsche, unfertige Porsche, seltene Porsche, teure Porsche, Spielzeug-Porsche – und selbst ein Porsche-Motorrad findet sich hier. Welcome to Paradise. Zwischen 300 und 400 Autos stehen hier ständig, etwa 30 Stück kommen pro Jahr hinzu. Und so ändert sich stets die Summe – Grund genug, hier öfter vorbei zu schauen …

053

Im Fahrschulauto das Zündschloss demonstrativ links suchen

Sie sind jung, haben Benzin im Blut und wollen bald den Führerschein machen? Dann können Sie Ihrem Fahrlehrer bei Ihrer ersten praktischen Fahrstunde schon mal zeigen, wo's langgeht: Suchen Sie Zündschloss oder Starterknopf immer links vom Lenkrad. Und beschweren sich bitte lautstark, wenn dort nichts ist …

054 Das Museum in Gmünd besuchen, dann ab zum Wörthersee

Ausgerechnet im Porsche-Quell-Ort Gmünd befindet sich ein Porsche-Museum, das nicht Porsche gehört, und zwar das von Helmut Pfeifhofer. Hingehen, staunen, und dann ab nach Reifnitz zum Wörthersee. Doch findet jährlich das größte VW-GTI-Treffen statt. Das kann man durchaus mal Aufmischen mit „richtigen" Autos. Die automobile Verwandtschaft hat bestimmt Verständnis dafür ...

055

Vorschlagsliste an Porsche Exclusive Manufaktur schicken mit Features, die nicht im Programm stehen

Hier ein paar Ideen:

Kolbenrückholfedern aus Platin (hat der Nachbar bestimmt nicht)

Endrohr-Komplettstöpselset (für die leise Fahrt durchs Wohnviertel)

Stealth-Bodykit (gegen die blöden Radarfallen)

056 Mit einem 996 auf ein ‚Luftgekühlt'-Treffen fahren

Man muss es ja zugeben: „Luftgekühlt"-Treffen passieren deutlich öfter als „Wassergekühlt"-Treffen – mir ist ehrlich gesagt von Letzterem gar nichts bekannt (was nichts heißen muss). Tatsächlich gibt es auch heute noch nach Einführung der Wasserkühlung im Jahr 1997 beim 911 Typ 996 noch eine ganze Menge Fans, die auf Luft schwören, und das sind alle Typen 993 und vorangegangene. Wem das zu einseitig ist, kann ja mal mit seinem wassergekühlten Elfer auf einem Luftgekühlten-Treffen auftauchen. Im einfachsten Fall gibt es nur Diskussionen – im schlimmsten Fall (auch wenn Sie jetzt nach Luft schnappen werden) die Überzeugung, dass Luft doch das Maß aller 911-Dinge ist …

Im Death Valley ein Spiegelei auf der Haube eines G-Modells braten

057

Wie? Das ist nicht neu? Machen Sie mal. Und dann schauen wir, wie Sie das Ei mit einem Schaber vom Lack heben. Ach ja, die offizielle Messstation im „Tal des Todes“ hat übrigens an einem Sonntagnachmittag im August 2020 um genau 15.41 Uhr Ortszeit eine Temperatur von 54,4 Grad Celsius registriert. Nur am 10. Juli 1913 soll es mit 56,7 Grad Celsius heißer gewesen sein.

058 Zu den Fuchsfelgen den passenden Schwanz am Rückspiegel tragen

Passt viel besser als beim Manta. Den gab's nämlich ausschließlich mit Fuchsschwanz ...

Magnus Walker zum Frisör einladen

Zunächst: Der Mann ist klasse. Er hat Humor, Wissen und wohl die wildeste natürliche Kopfbedeckung aller Porsche-911-Jünger. Ihn in der Szene kennen zu lernen, ist nicht schwer, ihn zum Frisör zu überreden, wahrscheinlich schon. Aber unter uns: Wer würde nicht gern wissen, wie Magnus wirklich aussieht?

060 Burger essen in der Kultbude „Big Boost Burger“

„Wo man Burger isst, lass Dich nieder. Böse Menschen singen lieber Lieder.“ Oder so ähnlich. Tipp für Porsche-Fahrer mit Drang zum Benzinburger: Restaurant „Big Boost Burger“ von TV-Schrauber J.P. Kraemer, Dortmund, Klönnestraße 94. Der Veggie-Burger heißt „Eco Boost“, der BBQ-Burger „Diesel“. Mein Vorschlag für einen künftigen Chili-Burger: „Biturbo“.

Sein G-Modell bei Manthey rennfertig machen lassen

061

Wenn es überhaupt einen verlängerten Arm von Porsches Rennabteilung gibt, dann ist das Manthey. Die 160-Mann-Firma am Nürburgring, gegründet von Porsche-Urgestein Olaf Manthey, gehört zu 51 Prozent Porsche – gibt es einen besseren Ort, um sein G-Modell rennfertig bauen zu lassen? Kurze Antwort: Nö.

062

An seinen Boxster den wildesten Flügel aller offenen Porsche montieren

Bitte nicht voreilig behaupten, das wäre einfach. Denn die Vorgabe ist so hoch und breit wie ein Esszimmertisch: Der Rennfahrer Michael May baute einen Monsterflügel im Jahr 1956 an seinen 550 RS Spyder. So gerüstet war er im Qualifying beim 1000-Kilometer-Sportwagenrennen am Nürburgring vier Sekunden schneller als die wesentlich aufwändiger vorbereiteten Werkswagen. Porsche-Rennleiter Huschke von Hanstein intervenierte übrigens sofort aufgrund von „Gefahr" und „Sichtbehinderung" bei den Organisatoren – und kam damit durch!

Es Ferry Porsche nachmachen

063

Das wird nicht einfach. Wahrscheinlich ist das sogar unmöglich. Aber man darf ja mal träumen. Dann kann man auch wie er sagen: „Ich kaufe nie ein Auto. Ich warte immer auf einen runden Geburtstag, dann bekomme ich einen Wagen geschenkt.“

064 Schrammenfrei durch das Parkhaus N6 in Mannheim rangieren

Ich kenne zwar nicht alle Parkhäuser Deutschlands, aber das N6 in Mannheim ist für Fans unverletzter Lacke wohl eines der gruseligsten. Die Stellplätze sind mit 2,2 Metern extrem eng, was hauptsächlich an den Pfeilern liegt, die für eine gewisse Statik sorgen. Der ADAC hat dem N6 bei einem Vergleich von 40 Parkhäusern einst die rote Laterne angehängt. Eine Challenge der besonderen Art …

Im Porsche den Pikes Peak erklimmen

065

Wer einmal an diesem Berg in Colorado, USA, war, wird ihn nicht vergessen – vor allem der Blick von oben auf die Wolken unter einem, wenn unzählige Porsche beim großen Pikes-Peak-Rennen die 19,9 Kilometer lange Strecke einzeln hochjagen. Findet das Rennen gerade mal nicht statt, kann man problemlos – in welchem Auto auch immer – die Strecke selber in Angriff nehmen. Seit 2012 auch das letzte Teilstück asphaltiert ist, muss man nicht mal mehr Schäden durch Kieselsteine befürchten. Der erste Wettbewerbsporsche im Rennen war übrigens ein 356 A Speedster im Jahr 1958. Wer Tipps für die Ideallinie braucht, fragt am besten Pikes-Peak-Dauerklassensieger und Porsche-Enthusiast Jeff Zwart.

066 Alpen-Pässetour in einem Speedster

Gibt es eine bessere Bezeichnung für einen leichten, schnellen, offenen Wagen als „Speedster“? Eindeutig nein. Gibt es ein besseres Umfeld als Alpenpässe, um solche Autos zu genießen? Ebenfalls nein. Also rein in eine der sechs Speedster-Generationen (Ur-Speedster von 1954 bis 1959, G-Modell von 1988, 964 von 1992 bis 1993, 993 von 1995, 997 von 2010, 991 von 2019) und hoch die Pässe. Königsdisziplin ist natürlich der Trip im 993 Speedster: Der wurde nur zwei Mal gebaut – und zum Ausleihen muss man US-Komiker Jerry Seinfeld oder die Erben von Ferdinand A. Porsche fragen.

067 Zur Sansibar nach Sylt fahren

Das ist jetzt nicht wirklich eine schwere Aufgabe – zumal die Porsche-Dichte auf Sylt sowieso schon recht hoch ist. Aber es gehört im Leben eben einfach dazu – im Kultauto auf der Kultinsel zur Kulthütte düsen und Kultkaviar naschen. Man gönnt sich ja sonst nichts.

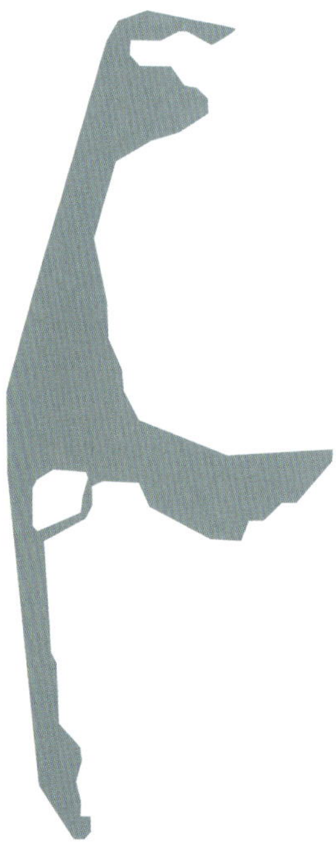

068 Bei Porsche Design einkaufen

Die eigenen Produkte von Porsche Design – das ist die Firma, die „Butzi“ Porsche, der 911-Designer, im Jahr 1974 in Zell am See aufmachte und die auch Aufträge für alle möglichen Branchen ausführt – sind gedacht für feinsinnige und solvente Genießer, die so hochwertige wie langlebige Dinge im Bauhaus-Stil präferieren. Fangen Sie doch mit einer klassischen Porsche-Uhr an und gehen dann über Brillen und Fashion. Wem das nicht reicht, kann auch größere Stücke okkupieren, die von Porsche Design geformt wurden wie die Flughafensitzreihe „Serie 8000“, die Wiener Straßenbahn oder einen bestimmten Dentalbohraufsatz. Dann fährt stets ganz nah ein Porsche über die Brücke.

Das Schüttgut besichtigen

069

Das Schüttgut in Zell am See ist seit Anfang der 1940er Jahre der Familiensitz der Porsches. Noch heute wohnen der eine oder andere Porsche oder/und ein Angehöriger manchmal darin, und im Garten steht die Familienkapelle, wo acht Porsche-Familienmitglieder ruhen. Das Problem an der Sache mit der Besichtigung: Privat ist privat, Besichtigungen sind nicht vorgesehen. Also: Am besten mal wieder mit einem Porsche anfreunden ...

070 ☐ Einen Lost Place für alte Porsche finden

Klar kann man das Glück haben, einen Porsche in einer Scheune zu entdecken – aber gleich 2000 Stück? Mir ging es im Jahr 2000 so: Hinter den Mauern in einem düsteren Areal von Los Angeles lagerten auf einem Edelschrottplatz unter anderem rund 2000 kaltverformte Porsche, die „besten" 356er in einem Regal neben dem Eingang – der Traum eines jeden Patinafans. Und der legendäre Besitzer Rudi Klein hat längst nicht jeden hineingelassen.

Ab 1981 bis zu seinem Tod war er übrigens Mitglied im Technikmuseum Sinsheim, wo auch ein 356 Pre-A Speedster (Baujahr 1955) aus seinem Besitz präsentiert wird – natürlich verunfallt.

071 Das Haus für einen Porsche verkaufen

Sie haben ein nettes Haus? Oder eine hübsche Villa? Einen Resthof? Ein Schloss? Keine Sorge, Sie können aus allem einen Porsche machen. Die günstigsten Exemplare des Automobils gibt es als abgerockte Möhren in einschlägigen Gebrauchtwagenforen, die teuersten finden sich meist bei den großen Auktionshäusern dieser Welt. Ein paar Anhaltspunkte für die Top-Range: Die teuerste Porsche-Straßenversion ist wohl ein 911 GT1 von 1998, der 4.750.000 Euro erzielte. Als teuerster Porsche aller Zeiten gilt einer der 917 Kurzheck von 1970: 11.800.000 Euro. Der teuerste Neu-Porsche für die Straße war übrigens der 918 Spyder mit 770.000 Euro. Heute der Gegenwert eines mehr oder weniger bescheidenen Eigenheims.

In der Nacht ein Taxi rufen und sich zum eigenen Porsche in die Garage fahren lassen

☐ 072

[Was nicht viele Menschen wissen: Taxifahrer dürfen Kunden nur dann ablehnen, wenn jene entweder äußerlich in Sachen Sauberkeit nicht der Norm entsprechen oder eine Gefahr darstellen, zum Beispiel weil sie betrunken sind. Eine kurze Fahrt darf somit nicht abgelehnt werden – deshalb, bei zu viel Sehnsucht: Zu jeder Nachtzeit Taxi rufen, sich zur (benachbarten?) Garage fahren lassen und Porsche genießen. Damit die Stimmung beim Kutscher nicht allzu schlecht wird, kann man ja beim Trinkgeld ein bisschen generös sein …]

073 Einen Porsche aus Lego im Maßstab 1:1 bauen

Gibt's schon – zum Beispiel 911 GT3 RS und einen 911 RSR. Aber nicht im Maßstab 1:1. Beim grünen Exemplar auf dem Foto haben die Macher übrigens etwas geschummelt – das Ding besteht aus Steinen und nicht aus Steinchen. Machbar ist das aber trotzdem – es gibt ja auch einen McLaren Senna aus originalen dänischen Plastikteilen in lebensechter Größe. Also: Nur zu!

074 Über hunderte Porsche schweben

Keine Sorge, dazu muss man nicht das Zeitliche gesegnet haben. Man muss sogar gar nichts gesegnet haben, sondern nur ein paar Euros locker machen für den Eintritt zum Oldtimer Grand Prix auf dem Nürburgring. Dann zum riesigen Porsche-Treffen gehen, die Gondel am Kranausleger entern und sich in die Höhe ziehen lassen. Der Ausblick auf die Eifel ist gigantisch. Der Ausblick auf die dort geparkten Porsche mindestens ebenso.

075 Einen Volkner Mobil Performance mieten

Warum? Weil bei dieser Form von Luxusurlaub der 911 stets gut geschützt mit dabei ist. Denn zwischen den beiden Achsen trägt das Edel-Wohnmobil eine Garage in sich, in die genau ein 911er passt. Klar hat das mit Camping nicht mehr viel zu tun, und selbst Glamping ist hier noch untertrieben. Deswegen nenne ich das hiermit einfach „Pamping" – Campen mit Porsche.

Bei Porsche einen Flicken fürs Turboloch bestellen

076

Wäre doch mal interessant, was die Stuttgarter auf einen Brief dieser Art antworten würden: „Sehr geehrte Damen und Herren, mein Kumpel meint, mein Porsche Turbo der ersten Serie hätte ein fettes Turboloch. Ich hab's gesucht und nicht gefunden, aber mein Freund hat echt Ahnung von Autos. Deswegen meine Frage: Da Kulanz wohl nicht mehr möglich ist, bitte ich um Zusendung des notwendigen Turboflickens oder gleich um einen neuen Turbolader.“

077 Fotoshooting fürs eigene Auto buchen

Glauben Sie mir: Es ist völlig egal, welchen Autofotografen Sie buchen – die Jungs können alle etwas, und zwar ganz viel. Aber machen sollten Sie es. Denn nehmen wir mal an, Sie nutzen Ihren Porsche tatsächlich und stellen ihn nicht nur in der Hoffnung auf Häufung des schnöden Mammons in den Tresor, dann wird sich das Auto im Laufe der Zeit verändern. Da freut man sich doch, das gute Stück vom Profi optisch eingefroren haben zu lassen.

Ein Porsche-Buch schreiben

078

Versprochen: Das funktioniert. Man muss nur eine Idee haben. Und Zeit. Und einen Verlag. Und noch ein bisschen mehr. Aber dann funktioniert's. Versprochen.

079 ☐ Seine dreijährige Tochter den 356 von Janis Joplin übermalen lassen

Im Ernst: Psychedelische Formen und Farben der 1960er Jahre sind doch sowas von out – auch wenn das Auto 2015 für 1,6 Millionen Euro versteigert wurde. Und die gute Janis, Reibeisen-Soulerin und prominentes Mitglied im Club der 27er, singt ja nun auch schon lange nur noch mit den Engeln. Da kann so einem Auto wie dem 356er von Joplin was Frisches doch so richtig guttun, oder? Ach, das ist Kunst? Und was wert? Und außerdem haben Sie keine dreijährige Tochter? Na gut, Sie sind entschuldigt. Aber wehe, Sie bekommen noch eine ...

080 Einen Porsche-Fotokalender basteln

Nee, natürlich nicht irgendeinen. Sondern einen mit allen Porsche, die man jemals besaß. Oder besitzt. Oder besitzen will. Da sich das normalerweise von Jahr zu Jahr ändert, kann man sich alle zwölf Monate wunderbar einen neuen Kalender basteln …

Einen Originalsitz zum Homeofficestuhl umbauen lassen

081

„Ich fahre Porsche“ ist heutzutage vielleicht nicht mehr wirklich überraschend – „Ich sitze Porsche“ schon eher. Das zu erreichen ist ganz einfach: Originalen Sitz nehmen und ihn zum Bürostuhl fürs Homeoffice umbauen lassen. Wem ein PS (Porsche-Sitz) nicht reicht, sollte das gesamte Gestühl bearbeiten. Dann kann man mit allen Kumpeln wunderbar das Sitzbelegungsbewegungsspiel „Die Reise nach Stuttgart“ veranstalten. Oder hieß das anders? Es gibt sogar eine Lösung, sollten Sie zwei linke Hände haben: Porsche Design hat so etwas unter den „Masterpieces“ im Repertoire!

082

Stuttgart bei Nacht erleben und alle Straßen für sich haben

STUTTGART

Rio Reiser sang einst, was er machen würde, wenn er König von Deutschland wär'. So hoch muss man gar nicht greifen – würde doch schon reichen, wenn man mal Stuttgart für sich haben würde. Am besten bei Nacht, oder? Gut 200 Quadratkilometer Kessel, mehr als 610.000 Mitbürger, die die Klappe halten – und dann porschige Kreise im Kessel drehen, wie man will und wo man will. Zwischendurch vielleicht den Feuerbach löschen, das Degerloch stopfen, Möhringen schälen und schließlich natürlich endgültig das Muffensausen aus Zuffenhausen vertreiben. Stuttgart könnte so schön sein …

Seinen 964 opfern und einen Mletzko draus machen lassen

083

Singer kann jeder – die neue Art, seinen alten Porsche in jeder erdenklichen Art von Luxus über Design bis hin zu Performance aufzupimpen, heißt Mletzko. Der Osnabrücker Spezialist Dirk Lührmann formt aus 964ern seine Mletzko-Versionen eines F-Modells mit Karosserie aus Carbon und einem Vierliter-Boxer mit 369 PS namens „Heartbeat". Warum das alles „Mletzko" heißt, fragen Sie den Chef am besten persönlich.

084 Mit Harm Lagaay ein 1:1-Tonmodell des übernächsten 911 kreieren

Zugegeben, Töpferei ist nicht jedermanns Sache. Und trotzdem spielen die besten Designer der Welt mit Ton – nennen es aber „Clay" und formen mit Hilfe der Modelliermasse trotz aller Virtual Reality das spätere Serienmodell im Maßstab 1:1.

Als einer der größten Modelleure gilt der ehemalige Porsche-Chefdesigner Harm Lagaay – warum also nicht den niederländischen Künstler besuchen und gemeinsam seine Idee des übernächsten 911 in Angriff nehmen?

Mit dem aktuellen Porsche-Chefdesigner über Design diskutieren

085

Technik ist das eine – aber Autos werden auch heute noch vor allem wegen ihres Designs gekauft. Einen optisch missratenen 911 kauft kein Mensch, selbst wenn da irgendwann 1000 PS druntersteckеn. Aber wie entwickelt man eine Ikone so weiter, dass sie mit der Zeit geht, trotzdem immer erkennbar ist und auch noch gefällt? Entlocken Sie das Geheimnis mal dem aktuellen Porsche-Chefdesigner Michael Mauer. Das ist mindestens so spannend wie Porsche fahren.

086 Mit Wissen über Ferdinand Porsche punkten

Wer sich Porsche-Fan nennt, sollte auch Ahnung über das Leben des Gründers haben – besonders am Stammtisch. Deshalb hier ein paar Fragen und die richtigen Antworten dazu:

- Woher stammt der Name „Porsche"? Er wurde als „Borso" ursprünglich abgeleitet vom Vornamen „Borislav" und zurückverfolgt bis ins Jahr 1672.
- Welche elektrische Anlage von Ferdinand Porsche ist die erste sinnvolle und funktionierende? Eine Klingelanlage im Elternhaus.
- Wer oder was erschlug Ferdinands Bruder Anton? Ein Transmissionsriemen.
- Was musste Ferdinand Porsche zuerst als Beruf ergreifen? Klempner.
- Bei welcher Firma begann Ferdinand Porsche seine professionelle Laufbahn? „Vereinigte Elektrizitäts-Aktiengesellschaft Bela Egger & Co." (VEAG) in Wien.
- Wann begann Porsche, sich intensiv um seine spätere Ehefrau Aloisia Kaes zu bemühen? Am 6. Januar 1897 beim Betriebsabend im Ronacher Variete.

Den Rest über den Porsche-Gründer wissen Sie sicherlich selber …

Der potenziellen Kundschaft in China erklären, dass Porsche keine SUV-Marke ist

087

Okay, das ist eine Lebensaufgabe – schließlich gibt es inzwischen mehr als 1,4 Milliarden Chinesen. Aber trotz aller Aufklärung (besonders was Autos angeht) ist den meisten noch nicht klar, dass Porsche eigentlich eine Sportwagenmarke ist, Der Grund: In China laufen Porsche-SUV prächtig, während zum Beispiel der 911 eher ein Mauerblümchendasein führt. Das ist übrigens auch der Grund, warum Porsche mit dem Typen 991 wieder damit begann, den Markennamen auch bei den Sportwagen ganz groß aufs Heck zu schreiben.

088 Eine FIA-Rennserie für Autos wie den Porsche 935/19 gründen

Manchmal bauen Hersteller Autos, die absolut kultig sind, aber für nichts gut. Wie Porsche das mit dem 935/19 getan hat. Laut Porsche ein „Geburtstagsgeschenk an die Fans in aller Welt" zum 70. Jubiläum der Firma, auch wenn es nur 77 Stück gibt. Der Witz: Der in Deutschland 835.318,12 Euro teure Rennwagen ist für keine FIA-Rennserie zugelassen, und auf die Straße darf er auch nicht. Dafür gibt's einen 700 PS starken Kohlefaser-Verbundwerkstoffbrecher, der nur 1380 Kilo wiegt. Er gilt als wohl bislang wertvollster Porscherennzitatenträger der Geschichte: Die LED-Heckleuchten erinnern an den LMP1-Renner 919 Hybrid, die verkleideten Felgen direkt an den 935/78, die Außenspiegel an den 911 RSR, die Titanabgasendrohre an den 908 aus dem Jahr 1968. Der Getriebewählhebel (Siebengang-PDK) in Schichtholzoptik greift das Design von 917, 909 Bergspyder und Carrera GT wieder auf, das Carbonlenkrad stammt aus dem aktuellen 911 GT3 R. Also bitte – das ist doch eine eigene Rennserie wert, oder?

089 Einem Porsche-Bauteil beim Vergammeln zuschauen

Zugegeben – das ist noch etwas utopisch. Aber nicht undenkbar. Denn der Kundensport-Rennwagen Porsche 718 Cayman GT4 Clubsport ist schon jetzt das erste Kleinserienauto mit Karosserieteilen aus Biofasern. Ziel ist die Einsatzreduzierung von Carbon. Handgemachte Türen, Frontdeckel und Heckflügel waren bereits 2017 und 2018 beim 24h-Rennen auf dem Nürburgring im Renn-Cayman und im 911 GT3 Cup von Rapper Smudos Rennteam „Four Motors" eingebaut. Noch verhindert das Verrotten zwar das bei Naturfaserkomposit-Teilen verwendete Epoxidharz, aber die Suche nach biologischem Harz ist in vollem Gange. Dann gehören Porsche-Karosserieteile auf den Komposthaufen der Geschichte ...

Beim Stammtisch immer das Porsche-Wörterbuch dabeihaben

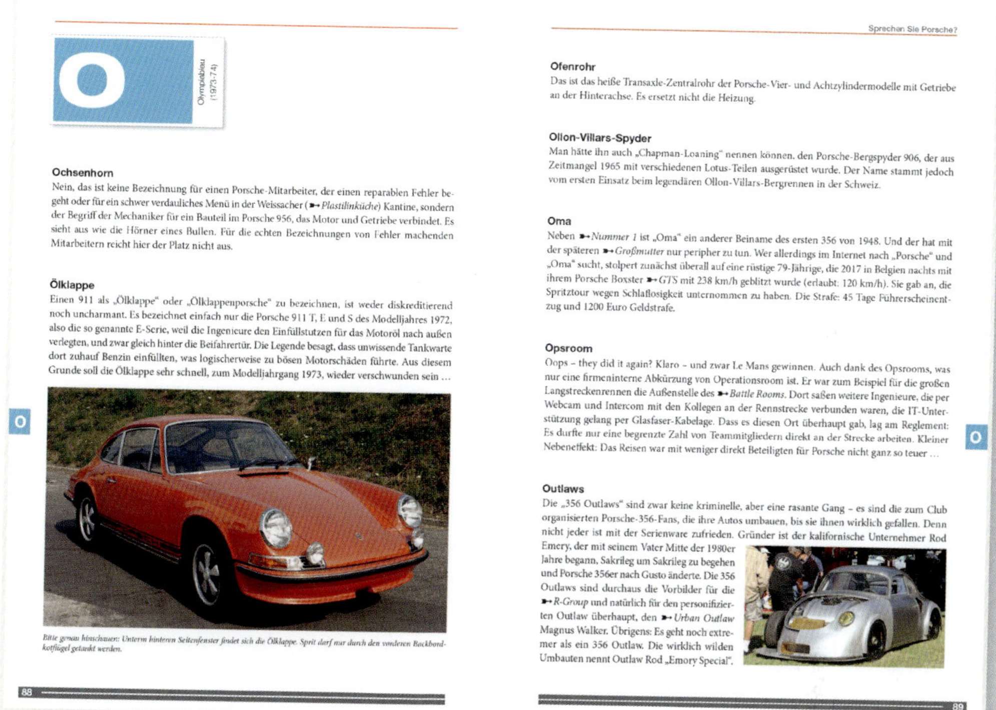

O

Olympiablau (1973-74)

Ochsenhorn
Nein, das ist keine Bezeichnung für einen Porsche-Mitarbeiter, der einen reparablen Fehler begeht oder für ein schwer verdauliches Menü in der Weissacher (➼ *Plastilinküche*) Kantine, sondern der Begriff der Mechaniker für ein Bauteil im Porsche 956, das Motor und Getriebe verbindet. Es sieht aus wie die Hörner eines Bullen. Für die echten Bezeichnungen von Fehler machenden Mitarbeitern reicht hier der Platz nicht aus.

Ölklappe
Einen 911 als „Ölklappe" oder „Ölklappenporsche" zu bezeichnen, ist weder diskreditierend noch uncharmant. Es bezeichnet einfach nur die Porsche 911 T, E und S des Modelljahres 1972, also die so genannte E-Serie, weil die Ingenieure den Einfüllstutzen für das Motoröl nach außen verlegten, und zwar gleich hinter die Beifahrertür. Die Legende besagt, dass unwissende Tankwarte dort zuhauf Benzin einfüllten, was logischerweise zu bösen Motorschäden führte. Aus diesem Grunde soll die Ölklappe sehr schnell, zum Modelljahrgang 1973, wieder verschwunden sein …

Bitte genau hinschauen: Unterm hinteren Seitenfenster findet sich die Ölklappe. Sprit darf nur durch den vorderen Backbordkotflügel getankt werden.

Ofenrohr
Das ist das heiße Transaxle-Zentralrohr der Porsche-Vier- und Achtzylindermodelle mit Getriebe an der Hinterachse. Es ersetzt nicht die Heizung.

Ollon-Villars-Spyder
Man hätte ihn auch „Chapman-Loaning" nennen können, den Porsche-Bergspyder 906, der aus Zeitmangel 1965 mit verschiedenen Lotus-Teilen ausgerüstet wurde. Der Name stammt jedoch vom ersten Einsatz beim legendären Ollon-Villars-Bergrennen in der Schweiz.

Oma
Neben ➼ *Nummer 1* ist „Oma" ein anderer Beiname des ersten 356 von 1948. Und der hat mit der späteren ➼ *Großmutter* nur peripher zu tun. Wer allerdings im Internet nach „Porsche" und „Oma" sucht, stolpert zunächst überall auf eine rüstige 79-Jährige, die 2017 in Belgien nachts mit ihrem Porsche Boxster ➼ *GTS* mit 238 km/h geblitzt wurde (erlaubt: 120 km/h). Sie gab an, die Spritztour wegen Schlaflosigkeit unternommen zu haben. Die Strafe: 45 Tage Führerscheinentzug und 1200 Euro Geldstrafe.

Opsroom
Oops – they did it again? Klaro – und zwar Le Mans gewinnen. Auch dank des Opsrooms, was nur eine firmeninterne Abkürzung von Operationsroom ist. Er war zum Beispiel für die großen Langstreckenrennen die Außenstelle des ➼ *Battle Rooms*. Dort saßen weitere Ingenieure, die per Webcam und Intercom mit den Kollegen an der Rennstrecke verbunden waren, die IT-Unterstützung gelang per Glasfaser-Kabelage. Dass es diesen Ort überhaupt gab, lag am Reglement: Es durfte nur eine begrenzte Zahl von Teammitgliedern direkt an der Strecke arbeiten. Kleiner Nebeneffekt: Das Reisen war mit weniger direkt Beteiligten für Porsche nicht ganz so teuer …

Outlaws
Die „356 Outlaws" sind zwar keine kriminelle, aber eine rasante Gang – es sind die zum Club organisierten Porsche-356-Fans, die ihre Autos umbauen, bis sie ihnen wirklich gefallen. Denn nicht jeder ist mit der Serienware zufrieden. Gründer ist der kalifornische Unternehmer Rod Emery, der mit seinem Vater Mitte der 1980er Jahre begann, Sakrileg um Sakrileg zu begehen und Porsche 356er nach Gusto änderte. Die 356 Outlaws sind durchaus die Vorbilder für die ➼ *R-Group* und natürlich für den personifizierten Outlaw überhaupt, den ➼ *Urban Outlaw* Magnus Walker. Übrigens: Es geht noch extremer als ein 356 Outlaw. Die wirklich wilden Umbauten nennt Outlaw Rod „Emory Special".

Das einzig wahre Nachschlagewerk, wenn es darum geht, die Geheimsprache und -codes des schwäbischen Sportwagenbauers zu verstehen. Da steht nun wirklich alles drin. Naja, fast alles. Aber sehr handlich und lehrreich! Challenge für Fortgeschrittene und Tipp für Perfektionisten: auswendig lernen!

091 Den größten Porsche-Aufbau der Welt erfinden

Porsche hat Traktoren gebaut – warum also nicht auch andere Nutzfahrzeuge? Das bislang wildeste habe ich in Laguna Seca abgebildet – ein rasanter Panamera mit mächtigem Kameraausleger. Aber da geht noch mehr, oder? Kleine Bauidee: Taycan mit Stromabnehmer …

Mit einem Porsche-Marketingmann streiten

092

Am besten mit dem, der dem Taycan den Zusatz „Turbo" und „Turbo S" verpasst hat. Geht's noch? Da will man in der elektrischen Welt ganz oben mitspielen, und dann bekommt der Taycan als Modellzusatz „Turbo"? Das Verwaschen des einstigen Turbo-Begriffs im Porsche 911 Turbo war noch fast nachvollziehbar, als plötzlich alle 911-Motoren mit Turboladern befeuert wurden. Aber ein Elektroauto? Vielleicht war's ja auch kein Marketingmann, sondern jemand anders. Egal – das muss besprochen werden …

093 Innovativere Werbesprüche erfinden als Porsche

Und hier ist die nächste fast unmögliche Aufgabe: Schlage Porsche-Werbesprüche mit Besserem. Die waren schon ziemlich gut – zum Beispiel: „Nobody's perfect. 1983 Le Mans results: 1st Porsche. 2nd Porsche. 3rd Porsche. 4th Porsche. 5th Porsche. 6th Porsche. 7th Porsche. 8th Porsche. 9th Sauber/BMW. 10th Porsche." Oder: „Die schönste Verbindung zwischen zwei Punkten ist eine Kurve." Oder: „In Flacht hat ein Tag nicht 24 Stunden. Sondern 8.640.000 Hundertstel. Der neue 911 GT3." Also an die Arbeit!

Karajans Sonder-911 durch den Verkehr dirigieren

094

Ja, der Herbert von Karajan hat Porsche geliebt, und Porsche ihren Star-Dirigenten. So sehr, dass sie ihm einen ganz besonderen 911 Turbo hingestellt haben. Das Auto durfte nicht mehr als 1000 Kilo wiegen, das Leistungsgewicht musste deutlich unter vier Kilo pro PS liegen. Das Auto bekam das Chassis des Renn-RSR und die Karosserie des Carrera RS. Letztere wurde bemalt mit den Martini-Racing-Farben, die Power lag bei 360 PS. Dem Einzelstück darf auf der Straße also echt nix passieren ...

095

Dem Ruf folgen

Keine Idee, was ich damit meine? Haaaallloooooo! Ruf ist, man mag es kaum glauben, ein Autohersteller seit 1981. Der macht sich allerdings nicht die Mühe, Autos von Grund auf zu entwickeln, sondern nimmt eine bewährte Basis: Porsche 911, was sonst. 1984 fuhr ein Ruf BTR bereits 304 km/h in Ehra-Lessin, 2017 besaß der Ruf Yellowbird bereits 710 PS. Jüngstes Projekt: Der Rodeo Concept – sozusagen ein moderner Safari-911. Also, wem ein normaler 911 nicht reicht, sollte dem Ruf folgen

RUF®

096 Markenbotschafter werden

Kann doch nicht so schwer sein – aktuell haben das ja auch Jörg Bergmeister, Timo Bernhard, Angelique Kerber, Julia Görges, Ritchy Müller, Udo Lindenberg, Maria Sharapova, Walter Röhrl, Mark Webber, Aksel Lund Svindal und Paul Casey geschafft. Falls es Probleme gibt, einfach schnell vorher Supersportler, Schauspieler oder Musiker werden ...

Hier können Sie Ihren Namen eintragen

Einen 911-Motor mit vier Nockenwellen erfinden

097

Äääätsch, reingelegt. Tut mir leid, das gab's nämlich schon mit dem „R 4-cam" – den seltensten 911-Motor mit vier Nockenwellen, für Racing-Tausendsassa Vic Elford bei der Korsika-Rallye 1967 gebaut. Gewonnen hat er trotzdem nicht. Also muss die Aufgabe lauten: Einen mit mehr als vier Nockenwellen bauen.

098 Mit einem Porsche 914 auf der B3 in den Sonnenuntergang fahren

Hört sich trivial an? Mag sein. Abwarten! Es muss ja nicht immer die Route 66 sein: Gleich hinter Buxtehude (Ortsteil Ovelgönne) biegen wir ab auf Deutschlands Traum(bundes)straße, die B3, und folgen ihr auf gut 800 Kilometern von Norden nach Süden. Der Trip – geprägt von wechselvollen Landschaften, reizvollen Städten und abwechslungsreichen kulinarischen Highlights – endet erst in Weil-Otterbach an der Bundesgrenze zur Schweiz. Für alle, die bei dieser Gelegenheit ihre Konten und Depots im Land der Eidgenossen checken möchten: Ab hier geht´s dann auf der Hauptstrasse 3 bzw. 7 weiter ins 10 Minuten entfernte Basel, weitere 70 Minuten später stehen wir in Zürich. Achtung: Auf jeden Fall die Geschwindigkeitsschilder beachten!

099

Den eigenen 911 entspecken, bis er weniger wiegt als der leichteste Werks-Porsche aller Zeiten

Je älter der eigene 911, desto einfacher ist die Aufgabe zu lösen. Aber – ehe Sie anfangen – machen Sie sich keine Illusionen: Es wird nicht viel von ihrem guten Stück übrigbleiben. Es wäre wohl auch kaum mehr fahrfähig. Denn es gilt, unter 400 Kilo zu bleiben. Das wog nämlich der 910/8 Bergspider, mit dem Gerhard Mitter und Rolf Stommelen 1967 die Bergmeisterschaft dominierten. Der Gitterrohrrahmen bestand aus Aluminium, der Tank fasste nur 15 Liter, und auf die Lichtmaschine wurde gleich ganz verzichtet.

100 ☐ Einen 911 aus dem 3D-Drucker ziehen

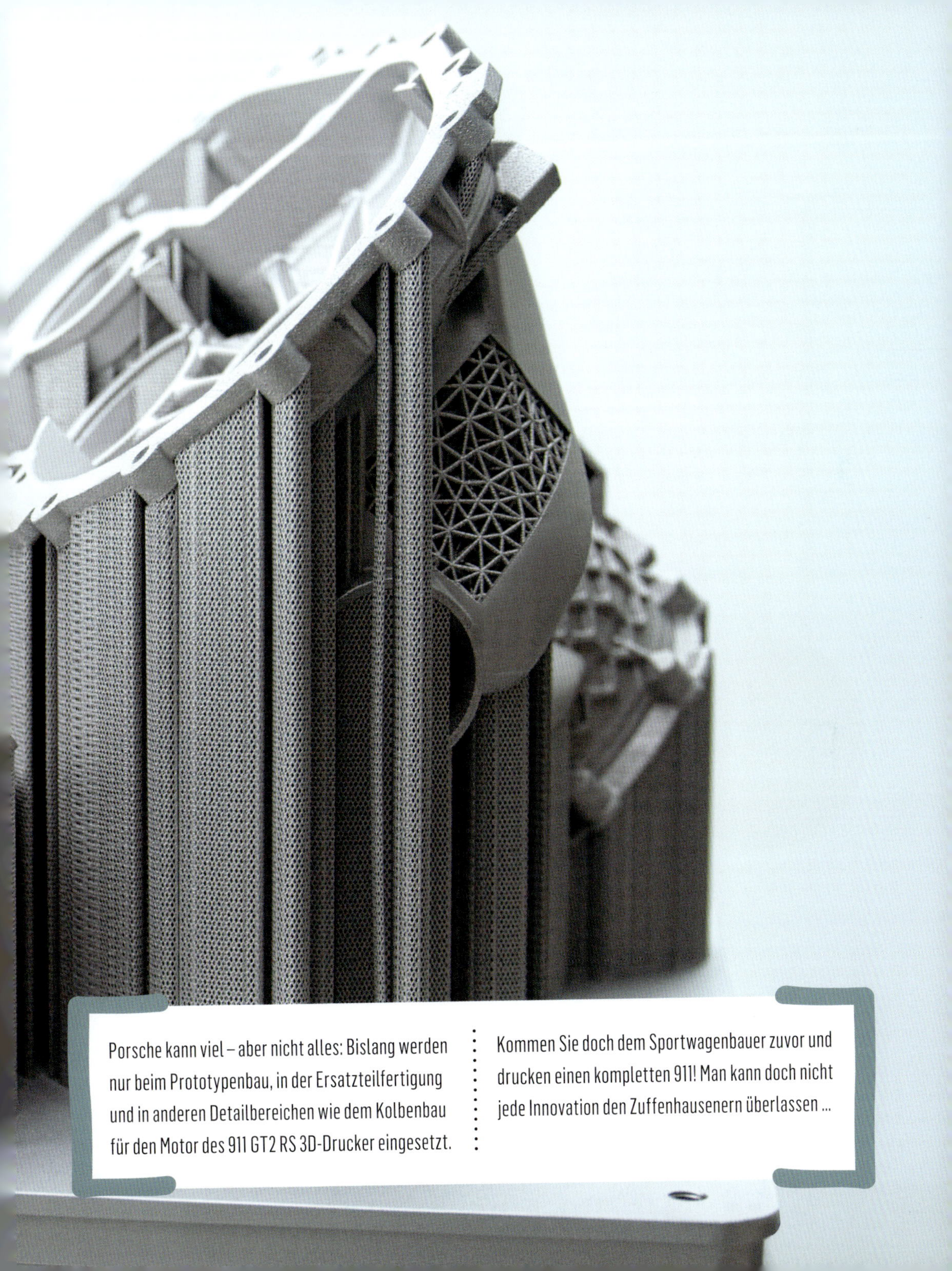

Porsche kann viel – aber nicht alles: Bislang werden nur beim Prototypenbau, in der Ersatzteilfertigung und in anderen Detailbereichen wie dem Kolbenbau für den Motor des 911 GT2 RS 3D-Drucker eingesetzt.

Kommen Sie doch dem Sportwagenbauer zuvor und drucken einen kompletten 911! Man kann doch nicht jede Innovation den Zuffenhausenern überlassen …

Unsere Buchtipps

PORSCHE MASTERPIECES
In diesem hochwertigen Bildband präsentieren wir Ihnen eine Sammlung exquisit fotografierter und einmalig schöner Autos: Von den Anfängen bis zum Speedster, von den Porsche-Modellen mit Turbo-Triebwerk und den modernen Super- und Hyperautos. Ein phantastischer Querschnitt der mittlerweile mehr als 70 Jahre langen Porsche-Sportwagengeschichte.

332 Seiten, zahlreiche Abb., 250 x 310 mm,
Hardcover mit Schutzumschlag im Schmuckschuber
ISBN 978-3-95843-957-3
€ 98,00

Unsere Bücher erhalten Sie in jeder